HANNES NAPIERALA

Campus Galli

Der offizielle Baustellenführer

Besuchen Sie uns im Internet:
www.gmeiner-verlag.de

Im Ehnried 5, 88605 Meßkirch
Telefon 0 75 75/20 95-0
info@gmeiner-verlag.de

3., überarb. Auflage

Lektorat: Isabell Michelberger
Herstellung: Susanne Lutz
Printed in Germany
ISBN 978-3-8392-0565-5

INHALT

VORWORT

Liebe Gäste,

willkommen auf dem Gelände von Campus Galli. Vor inzwischen mehr als 10 Jahren begann das ehrgeizige Projekt, den St. Galler Klosterplan als echte Mittelalterbaustelle zum Leben zu erwecken – zunächst mit nur einigen wenigen Handwerkern, auf einem noch dicht bewaldeten Gelände. Von den großen, mittelalterlichen Gebäuden, die einmal kommen sollten, war damals noch wenig zu erahnen.

Doch über die Jahre ging es Schritt für Schritt voran. Wir konnten uns an neue Herausforderungen wagen, weitere Handwerker einstellen und den St. Galler Klosterplan immer mehr zum Leben erwecken. Neben den vielen Werkstätten sind darauf aufbauend inzwischen auch mehrere Gebäude, Ställe und Gärten entstanden.

Auf den folgenden Seiten möchten wir Ihnen die Grundlagen des Projekts erläutern sowie Gebäude und Handwerkstechniken erklären. Dieser Führer versteht sich dabei als eine Einführung. Sie sind herzlich eingeladen, im Gespräch mit den Arbeitenden vor Ort noch tiefer in die jeweilige Thematik einzutauchen.

Sofern es die aktuelle Tätigkeit zulässt, geben Ihnen die Handwerker gerne Auskunft. Bitte nehmen Sie dabei Rücksicht auf baustellenbedingt notwendige Sicherheitsabstände und die Privatsphäre der Handwerker.

Für alle, die nach dem Besuch auf dem Gelände noch tiefer in das Thema Frühmittelalter und in den St. Galler Klosterplan einsteigen wollen, findet sich am Ende dieses Baustellenbegleiters eine Liste mit Literaturempfehlungen. Darüber hinaus möchten wir Ihnen den Besuch in St. Gallen/Schweiz und auf der Insel Reichenau ans Herz legen, mit denen wir uns eng verbunden fühlen. Bei den Gebäuden, Gärten oder Gewerken, die im Klosterplan genannt sind, ist die lateinische Bezeichnung im Klosterplan mit Übersetzung angegeben.

HINTERGRÜNDE

TRÄGER UND ZIEL DES PROJEKTS

Das Projekt »Campus Galli« lässt sich als »mittelalterliche Klosterbaustelle« umschreiben.

Auf dem Gelände kann man erfahren, wie alte Handwerkstechniken funktionieren, wie das Leben im frühen Mittelalter ausgesehen haben mag und welche Bedeutung dabei die Klöster hatten.

Getragen wird das Projekt vom gemeinnützigen Verein »Karolingische Klosterstadt Meßkirch e. V.«, der zugleich Arbeitgeber und Aufsichtsgremium ist. Daneben gibt es einen Förderverein, den »Freundeskreis Campus Galli e. V.«. Jeder ist herzlich willkommen und eingeladen, diesem beizutreten, um das Projekt zu unterstützen.

Die älteste bekannte Darstellung des heiligen Gallus ist eine Elfenbein-Schnitzerei auf dem Buchdeckel des Evangelium Longum, das Ende des 9. Jh.s entstand. Dargestellt ist das »Bärenwunder«.

Campus Galli bedeutet »Feld des Gallus« oder freier übersetzt »Hofgut des Gallus«. Der Mönch Gallus lebte im frühen 7. Jahrhundert und hinterließ an zahlreichen Orten Süddeutschlands und in der Schweiz seine Spuren; Kloster und Stadt St. Gallen gingen aus einer von ihm gegründeten Einsiedelei hervor. Der Name »Campus Galli« nimmt Bezug auf den St. Galler Klosterplan, auf dessen Grundlage die Bautätigkeit beruht. Es geht dabei nicht um den Nachbau des Klosters von St. Gallen zu einem bestimmten Zeitpunkt, sondern um den Bau eines Klosters, wie es vielleicht in dieser Gegend im 9. Jahrhundert hätte entstehen können. Oder anders gesagt, um den Bau jenes Klosters, das entstanden wäre, wenn Gallus nicht an der Stelle des heutigen St. Gallens, sondern hier an der Oberen Donau beerdigt worden wäre.

DER ST. GALLER KLOSTERPLAN

Dieser faszinierende Plan entstand nach neuesten Erkenntnissen um das Jahr 825 auf der Insel Reichenau. Vergleiche mit anderen Schriftstücken haben es ermöglicht, die zwei Hauptpersonen zu identifizieren, die an der Anfertigung des St. Galler Klosterplans beteiligt waren: Der damalige Bibliothekar des Klosters, Reginbert, sowie ein junger Mönch namens Walahfrid. Dass dieser Walahfrid ein kluger Kopf war, entging seinen Zeitgenossen nicht, weshalb er schon bald an den Hof Kaiser Ludwigs des Frommen gerufen und später sogar zum Abt der Reichenau ernannt wurde. Er verfasste außer dem Klosterplan noch viele weitere, bedeutende Schriften.

Der St. Galler Klosterplan besteht aus mehreren Stücken Pergament, die miteinander vernäht sind. Darauf ist in roter Farbe (aus einem Bleioxid, dem sog. »Bleimennige«) ein Kloster gezeichnet, das mit braun-schwarzer Tinte (hergestellt aus Eichen-Galläpfeln) beschriftet ist. Dargestellt ist ein Kloster mit einer großen Abteikirche, mit Wohngebäuden, Küchen, Werkstätten, mit Stallungen und vielem mehr. Es ist kein Bauplan im heutigen Sinne, sondern eher eine Art Raumkonzept. Der Klosterplan zeigt Grundrisse von verschiedenen Teilen des Klosters, hält sich dabei aber an keinen Maßstab und gibt keine Informationen zu Materialien und der dritten Dimension. Er gleicht eher einem Organigramm, bei dem es um den Bezug der Gebäude zueinander geht und um die Organisation des Klosters, mit allem, was im Alltag benötigt wird, bis hin zu Medizin, Schulen und Latrinen (Toiletten).

Der Plan entstand vermutlich über mehrere Monate hinweg, immer wieder wurden Dinge ergänzt oder entfernt. Als Geschenk ging der Plan noch vor dem Jahr 830 nach St. Gallen, wo er bis heute aufbewahrt wird. Seit April 2019 kann er dort in einer Ausstellung bewundert werden.

Das Kloster Reichenau gilt als Entstehungsort
des St. Galler Klosterplans

DIE ZEIT DES KLOSTERPLANS

Im Jahr 825, als der Klosterplan entsteht, regiert Ludwig der Fromme das Kaiserreich. Sein Vater **Karl der Große** hat große Teile Europas erobert und in das Frankenreich eingegliedert. Karl führte eine Reihe von Reformen in der Bildung, der Verwaltung und der Kirche durch. Zahlreiche Klöster sind seitdem gegründet worden, bestehende Klöster erhielten Schenkungen und Vergünstigungen.

Darstellung Karls des Großen in der Chronik des Ekkehard von Aura um 1112/14

Als Ludwig das Reich nach dem Tod seines Vaters im Jahr 814 übernimmt, treibt er die Christianisierung weiter voran: Missionare werden u. a. zu den Slawen und nach Skandinavien geschickt, wo zu dieser Zeit die »Wikinger« herrschen.

Im Laufe seiner Herrschaft muss sich Ludwig mit immer größer werdenden, innenpolitischen Schwierigkeiten auseinandersetzen und seine Herrschaft gegen seine Söhne verteidigen. Das große Frankenreich zerbricht und wird nach Ludwigs Tod (840) unter den noch lebenden drei Söhnen aufgeteilt (Vertrag von Verdun 843).

Die einfache Landbevölkerung lebt im Jahr 825 ihr Leben weitgehend unabhängig davon, wer auf dem kaiserlichen Thron sitzt. Täglich bestellen sie ihre Felder, machen Brennholz und stellen vieles von dem selbst her, was sie zum Überleben benötigen. Die Menschen leben in einfachen Häusern aus Holz und Lehm-Flechtwerk. Das Dach ist mit Stroh oder Schindeln gedeckt. Wenig unterscheidet den Anblick der Dörfer von denjenigen, die schon seit Hunderten von Jahren in Europa bestehen. Im Unterschied zu früheren Zeiten besitzt nun aber manches Dorf bereits eine eigene kleine Kirche, die aus Holz oder Stein errichtet ist.

Die Menschen sind i. d. R. einer Grundherrschaft zu Abgaben verpflichtet. Diese Grundherrschaft kann auch ein Kloster wie St. Gallen oder Reichenau sein. Im Gegenzug bietet sie Schutz und Unterstützung in schlechten Zeiten.

Wissenschaftler der Universität Tübingen (»Kompetenzzentrum Archäometrie Baden-Württemberg«) erfassen Daten beim Brennen von Keramik

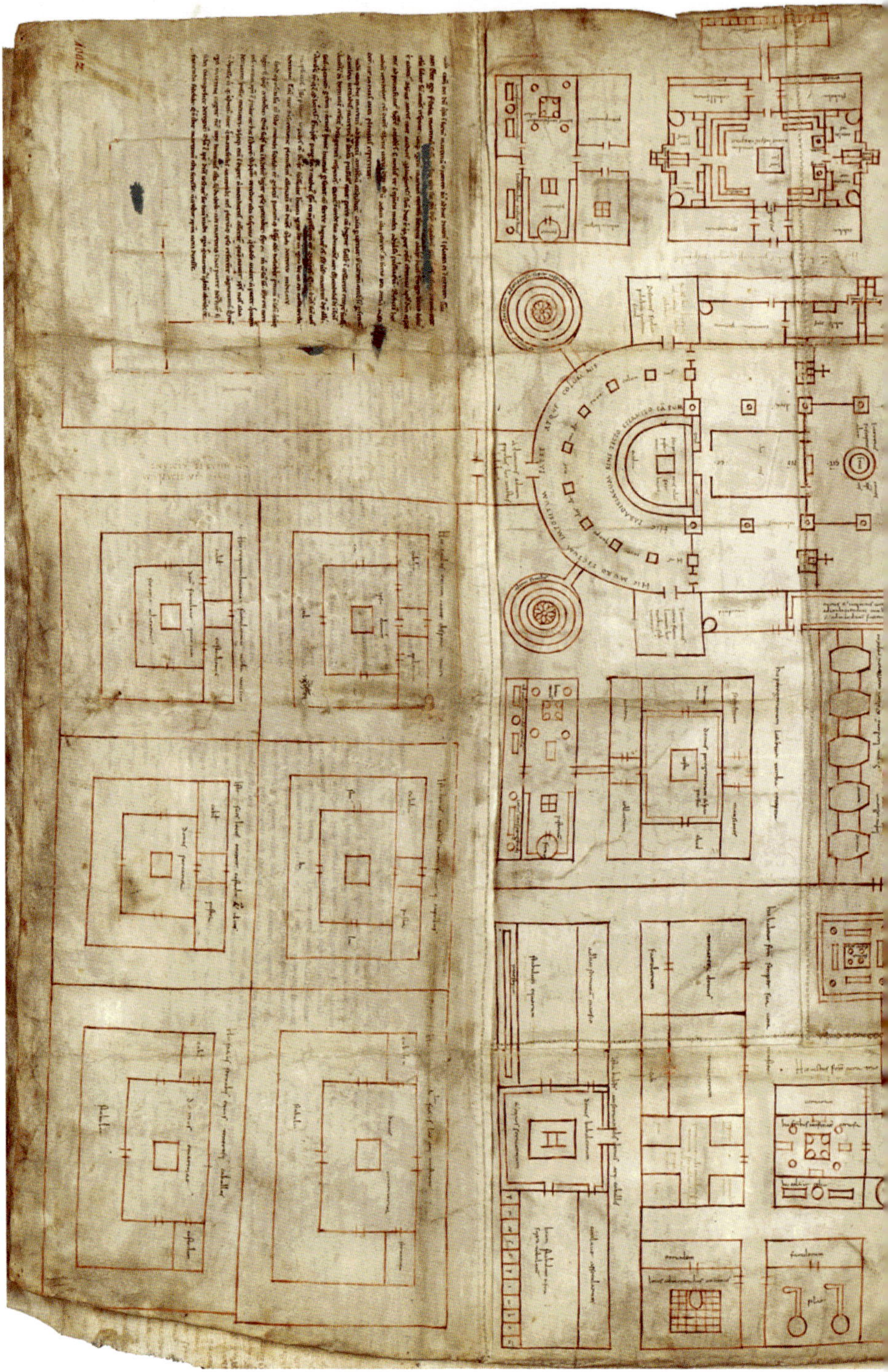

Der St. Galler Klosterplan (©Stiftsbibliothek St. Gallen)

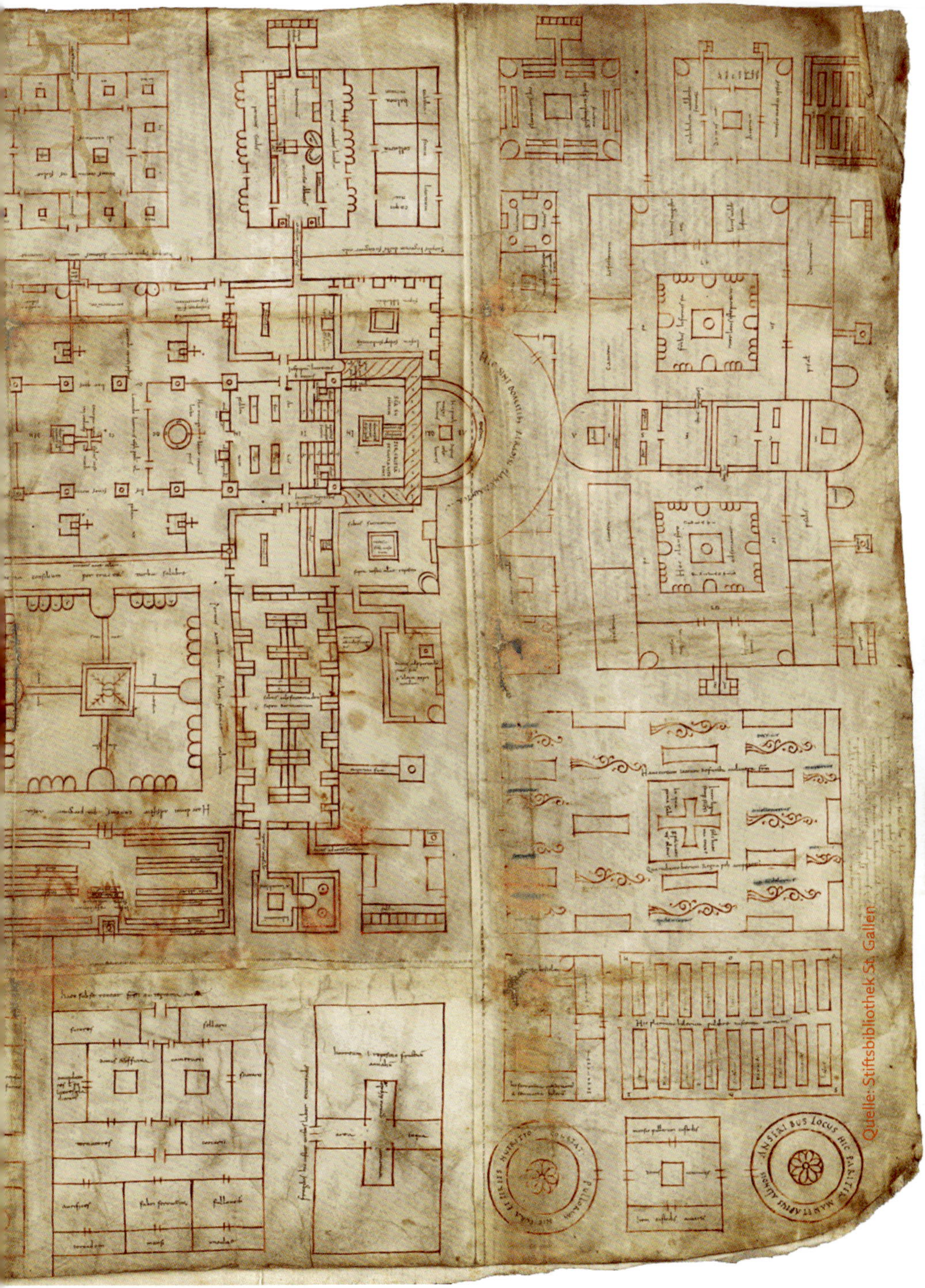

Quelle: Stiftsbibliothek St. Gallen

In der Zimmerei hat man es mit großen Gewichten zu tun, die einem auch einmal auf den Fuss fallen könnten – Sicherheitsschuhe sind daher Pflicht, Mittelalter hin oder her

GRUNDSÄTZLICHES ZUM HANDWERK

Zur Anwendung kommen auf Campus Galli die handwerklichen Methoden und die Materialien, die auch im 9. Jahrhundert in dieser Gegend zur Verfügung standen. Kompromisse werden nur gemacht, wenn sie unbedingt notwendig sind, d.h. wenn die **Sicherheit** unserer Mitarbeiter gefährdet wäre, wenn es nicht **finanzierbar** ist oder wenn es nicht mit heutigem **Recht** oder aktuellen **Vorschriften** vereinbar ist.

Da archäologische Funde jeweils nur die Ergebnisse der handwerklichen Tätigkeit sind und auch in den Schriftquellen wenig zu Herstellungsprozessen geschrieben steht, ist viel Hintergrundrecherche notwendig, um das Handwerk des Frühmittelalters zu rekonstruieren. Finden wir wenig Informationen aus der Karolingerzeit, ist es manchmal nötig, den zeitlichen Horizont der Recherche auszudehnen: Es kann dabei hilfreich sein, in den umfangreicheren römerzeitlichen Quellen nachzusehen oder einen Blick ins Hoch- oder Spätmittelalter zu werfen. Manchmal lässt sich auf diese Weise eine Entwicklungslinie oder eine Handwerkstradition erkennen, die man dann auf das Frühmittelalter anwenden kann. Auch kann man die Recherche in räumlicher Hinsicht ausweiten und in Frankreich, Skandinavien oder südlich der Alpen nach Lösungsansätzen suchen. Das Campus-Galli-Team wird hierbei von einem Wissenschaftlichen Beirat unterstützt.

Neben dem Betrieb von »Campus Galli« als lebendiges Museum erhofft sich die archäologische Forschung Erkenntnisse aus der praktischen Anwendung und Umsetzung all dessen, was ansonsten nur in der Theorie erarbeitet werden kann. Diese Methode wird auch als Experimentelle Archäologie bezeichnet und stellt ebenfalls einen wichtigen Teil des Projekts dar.

FINANZIERUNG

Die anfängliche Infrastruktur (Wege, Parkplatz) wurde von der Stadt Meßkirch übernommen, aus dem LEADER-Programm der EU gab es Zuschüsse. Aktuell wird von der Stadt Meßkirch noch ein Betriebskostenzuschuss beigesteuert. Auch der Landkreis Sigmaringen schießt im Bedarfsfall noch etwas zu. Die Höhe der benötigten Zuschüsse richtet sich nach dem jeweiligen Saisonergebnis. Mittelfristig soll das Projekt auf eigenen Beinen stehen und sich vorwiegend aus den Eintrittsgeldern finanzieren, damit die Abhängigkeit von öffentlichen Zuschüssen sinkt.

Für die Stadt und das Umland trägt Campus Galli zur touristischen Regionalentwicklung bei. Seit der Eröffnung 2013 ist in den angrenzenden Gemeinden ein deutlicher Anstieg an Übernachtungen zu verzeichnen. Campus Galli hat sich außerdem zur besucherstärksten Attraktion des Landkreises Sigmaringen entwickelt. Wichtig ist uns zu betonen, dass das Projekt als **gemeinnütziges Projekt** keine Gewinnerzielung beabsichtigt, sondern dass jeder Euro, den wir einnehmen, direkt in unsere Arbeit einfließt, d. h. vorwiegend in Material und Handwerkergehälter, um das Projekt weiterzuentwickeln und den Bau voranzubringen.

Durch eine Spende oder die Mitgliedschaft beim Freundeskreis Karolingische Klosterstadt e. V. können Sie uns ganz direkt unterstützen! Nähere Informationen dazu finden Sie auf unserer Homepage.

Viele der Menschen, die hier arbeiten, sind Festangestellte des gemeinnützigen Vereins **Karolingische Klosterstadt e. V.** Sie sind zum Teil gelernte Handwerker, zum Teil angelernte Kräfte, aber alle sind mit Herz und Seele dabei. Über Jahre hinweg haben sie sich eingearbeitet, Erfahrung und Wissen angesammelt und sind unverzichtbarer Teil des Projekts geworden.

Auch so mancher Besucher bekommt bei seiner Tour über das Gelände Lust, mit anzupacken, und meldet sich als ehrenamtlicher Helfer bei uns an. Täglich sind bis zu 25 ehrenamtliche Helferinnen und Helfer im Einsatz, die eine wichtige Stütze des Projekts bilden. Anmelden kann man sich über unsere Homepage.

Jahrelang begleitete auch der Verein **Werkstättle e. V.** die Arbeiten auf dem Gelände und bot eine Arbeitsgelegenheit für bis zu zwölf Langzeitarbeitslose. Diese Maßnahme musste Ende 2022 leider eingestellt werden.

Quelle: Isabel Krichel-Bonstein

Viele Hände sind gefragt, wenn große Lasten bewegt werden müssen, wie hier beim Aufstellen des Holzkreuzes

WISSENSCHAFTLICHER BEIRAT

Der Wissenschaftliche Beirat ist ein Gremium aus Experten verschiedener Fachrichtungen, die das Projekt begleiten, darunter u.a. Archäologen und Historiker sowie Fachleute für kirchliche Themen und Museumsarbeit. Sie helfen, eine konkrete und realisierbare Lösung zu finden, auch wenn die Quellenlage zuweilen keine eindeutige Entscheidung zulässt.

Ein reales Bauprojekt benötigt aber genau jene definitiven Entscheidungen, die im Spannungsfeld zwischen den technischen Möglichkeiten und der geistigen Welt des 9. Jahrhunderts einerseits, sowie der Umsetzbarkeit und den Vorschriften des 21. Jahrhunderts andererseits zu suchen sind.

Lange Planung und wissenschaftliche Recherche sind notwendig, bevor es auf dem Gelände mit dem Bauen losgehen kann – wie hier am Abtshof des Klosterplans

GESCHICHTE DES PROJEKTS »CAMPUS GALLI«

Um das Jahr 2003 entstand bei den Initiatoren des Projekts, Bert M. Geurten und Verena Scondo, die Idee, ein Kloster nach dem Vorbild des St. Galler Klosterplans zu bauen. Die Grundidee, das Projekt mit Besuchereinnahmen zu finanzieren, ist einem Burgenbau-Projekt in Frankreich entlehnt: Guédelon. Nach langer Suche im gesamten deutschen Raum konnten die Initiatoren im Jahr 2012 die Stadt Meßkirch als Partnerin gewinnen. Meßkirch stellte sowohl die Anschubfinanzierung als auch das Gelände zur Verfügung. Der Initiator Bert Geurten verstarb 2018, Verena Scondo war bis zum Saisonende 2019 noch als Mitarbeiterin aktiv für das Projekt tätig. Sie genießt nun ihren Ruhestand.

Quelle: Ulrike Ehinger

Bei der Ernte und dem Heumachen gibt die Natur den Takt vor, die Bauarbeiten ruhen dann zum Teil

DAS GELÄNDE

ALLGEMEINES

Das Gelände verändert sich von Tag zu Tag. Ständig wird irgendwo weitergebaut, repariert, es entstehen neue Werkzeuge und Gewänder. Baumaterialien werden transportiert und in den Gärten und auf den Feldern wird gepflügt, gesät, gepflegt und geerntet, je nach Jahreszeit und Wetter.

Vom Konzept eines Rundwegs haben wir uns im Jahr 2019 verabschiedet. Die Besucher sind eingeladen, das Gelände selbst zu erkunden. Dabei bitten wir die Besucher, sich an **Wege und Absperrungen** zu halten.

Die Handwerker sind an unterschiedlichen Orten auf dem Gelände im Einsatz. Dies ist abhängig von den Aufgaben, die am jeweiligen Tag gerade anstehen. **Einen Überblick, wo am jeweiligen Tag gearbeitet wird, gibt die Magnettafel im Eingangsbereich.**

Wer sich darauf einlässt, gerne erkundet und nicht erwartet, dass an

Bei der Ernte gibt die Natur den Takt vor, die Bauarbeiten müssen dann zum Teil ruhen, weil hier viele Hände gebraucht werden

Die »Dennetle« aus dem Holzofen gibt es schon seit Jahrhunderten im schwäbisch-alemannischen Raum

jeder Werkstatt auf Knopfdruck ein Standardprogramm abläuft, wird auf dem Gelände einen wunderbaren Tag erleben und viele neue Eindrücke mit nach Hause nehmen.

Mittagspause ist für die Handwerker zwischen 13 und 14 Uhr. In dieser Zeit wird nicht gearbeitet. Wir empfehlen während der Mittagspause einen Besuch auf unserem Marktplatz, wo Sie sich z.B. bei einem Linsen-Eintopf oder einem Dennetle stärken oder an den Marktständen nach schönen Mitbringseln stöbern können.

Um einen räumlichen Bezugspunkt zu schaffen, wurde inzwischen auch der Grundriss der großen Abteikirche mit einer Reisig-Hecke im Gelände angedeutet

WO IST DAS KLOSTER?

Bei der Umsetzung des St. Galler Klosterplans auf dem Gelände ging es in den ersten Jahren – so wie es wahrscheinlich auch Gallus und seinen Gefährten erging – zunächst um das bloße Sesshaftwerden und das Errichten einfacher Hütten, wie sie am Anfang des Geländes (Gallus-Eremitage) zu sehen sind. Bereits diese wenigen Hütten können als Kloster bezeichnet werden, auch wenn es sich dabei eher um ein Ensemble von Einsiedler-Zellen handelt.

In einer zweiten Phase ging es darum, den Lebensraum weiter zu gestalten, Infrastruktur zu schaffen. Eine Holzkirche mit Kreuzgang und Turm entstand, ein Wohnhaus für die Mönche wird gebaut. Ein Zaun umgibt diese kleine Klausur. Ein frühmittelalterliches Kloster hätte in dieser Phase bereits umfangreiche Kontakte ins Umland unterhalten und wäre in die Verwaltungsstruktur des Reiches eingebunden gewesen. Es ist umgeben von zahlreichen Werkstätten, die den Baustellen zuarbeiten. Diese arbeiten bereits an der dritten Phase: dem Bau des Großklosters auf Grundlage des St. Galler Klosterplans. Die große Scheune, das Hühnerhaus, der Paradiesgarten und der Gemüsegarten gehören bereits in diese dritte Phase, und auch das im Bau befindliche Nebengebäude des Abtshofs wird einmal ein Teil des Großklosters sein. Hier zeigt sich der Klosterplan ganz direkt im Gelände. In den Werkstätten werden u. a. Werkzeuge, Behälter und Kleidung hergestellt, die man auf einer echten mittelalterlichen Baustelle zu großen Teilen aus dem Umland bezogen hätte und nicht vor Ort hätte herstellen müssen.

VERTEILUNG DER GEBÄUDE AUF DEM GELÄNDE

Wo einmal in vielen Jahren jedes Einzelne der Gebäude des Klosterplans stehen wird, ist noch nicht endgültig entschieden. Zwar gibt es einen Verteilungsplan, der versucht, die Grundrisse aus dem Klosterplan an verschiedene Stellen des Geländes zu projizieren. Dies kann aber immer nur ein planerischer Zwischenstand sein.

Einerseits müssen zu vielen Gebäuden noch ausführliche Recherchen angestellt werden, andererseits machen wir im Arbeitsalltag ständig neue Erfahrungen, die zum Teil wiederum Rückwirkungen auf die Planung haben. Und zu guter Letzt ist auch mit den Behörden noch zu klären, an welchen Stellen z. B. Fluchtwege und Mindestabstände von Gebäuden gefordert werden.

Der aktuelle Verteilungsplan (Stand 2019), ohne Anspruch auf Maßstäblichkeit oder korrekte Proportionen, ist wie folgt:

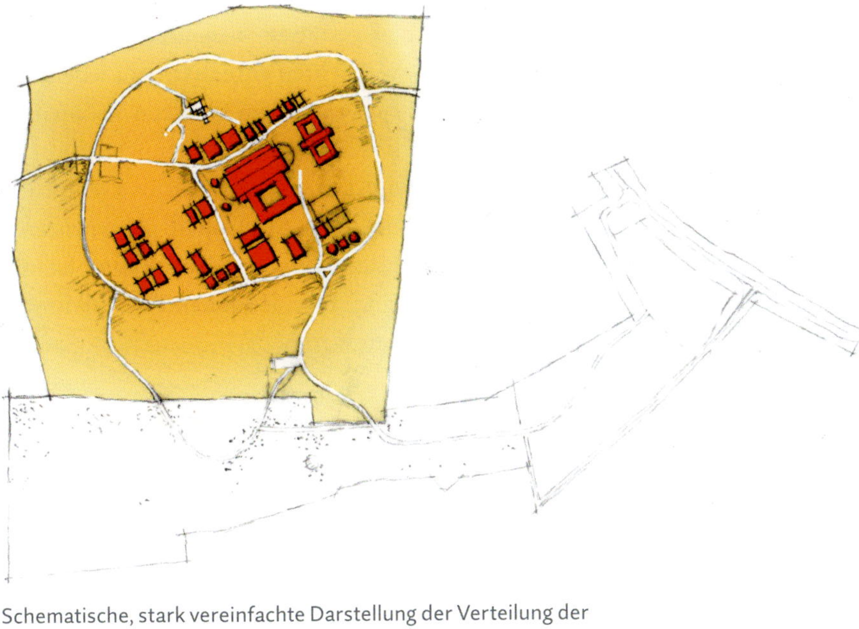

Quelle: Thomas Fuhrmann

Schematische, stark vereinfachte Darstellung der Verteilung der Klosterplan-Gebäude auf dem Gelände – Stand Planung 2019

GALLUS-EREMITAGE

Dieses kleine Ensemble ist den Hütten nachempfunden, in denen der Legende nach der Mönch Gallus und seine Gefährten im 7. Jahrhundert den Grundstein des späteren Klosters St. Gallen legten.

Diese »Eremitage« stand 2012 auf dem Vorplatz der Stiftskirche in St. Gallen, zur Feier des 1.400-jährigen Gallus-Jubiläums. Nach Ende der Feierlichkeiten wurden uns diese »Cellae« (Zellen einer Einsiedelei) geschenkt. Die Hütten sind in Bohlenständer- und Blockbauweise errichtet, beides sind im Alpenraum bis heute übliche Bautechniken, die auch für eine frühe Besiedlung des heutigen St. Gallens denkbar wären.

Um zu verdeutlichen, dass solche Hütten die Anfangsphase eines Klosters darstellen können, sind sie räumlich am Anfang des Geländes platziert.

Die vordere, größere Hütte war als Wohn- und Bethaus konzipiert worden, die hintere und kleinere der Hütten als einfache Schlafhütte. Die Schlafhütte wurde ab 2019 provisorisch zum Hühnerstall umfunktioniert, um die Hühner bis zur Fertigstellung des großen Hühnerhauses unterbringen zu können.

Die größere Wohnhütte wurde entsprechend der Schilderungen in der Lebensbeschreibung des heiligen Gallus (»Gallusvita«) nur mit einem einfachen Lager aus Stroh ausgestattet. Eremiten wie Gallus versuchten enthaltsam zu leben, um sich ganz dem Glauben widmen zu können. Wahrscheinlich bestand die erste Eremitage im Gebiet des heutigen St. Gallen aus mehreren Hütten, die als Gesamtkomplex mit einer Hecke oder einem Wall umgeben waren.

Illustration, wie St. Gallen im 7. Jahrhundert ausgesehen haben könnte

SCHEUNE

Im Klosterplan:

horreum [id est] repositio fructuum annalium

(Scheune, das heißt Aufbewahrungsort der Jahresernte)

Bei der Beschäftigung mit dem Klosterplan stellen wir uns wahrscheinlich ähnliche Fragen, wie sie sich auch die Bauherren und Mönche im Mittelalter gestellt hätten. Eine zentrale Frage ist dabei, welches Gebäude jeweils als Nächstes gebaut werden soll?

Die Mitarbeiter hatten sich schon früh für den Bau der Klosterplan-Scheune ausgesprochen, was sich gut mit den Erkenntnissen der Bauforschung deckt: Interessanterweise entstehen die Scheunen tatsächlich sehr häufig in einer frühen Bauphase – sie gehörten z. B. auch nach dem Dreißigjährigen Krieg vielerorts zu den ersten Gebäuden, die wieder aufgebaut wurden. Dies zeigt, wie wichtig zu allen Zeiten ein Lagerplatz für die Ernte war.

Die Scheune ist das bislang größte Gebäude, das auf dem Campus entstand. Sie wurde im Herbst 2021 fertiggestellt. Die Grundfläche misst etwa 11 x 21,5 Meter, die Höhe ca. 7,5 Meter. Für die stehenden Hölzer wurde Eiche verwendet, das Dachwerk besteht aus Fichte.

Beim Aufbau des Gebäudes wurden zunächst die großen, tragen-

Aufstellen der Eichenpfosten im April 2021

Das Strohdach der Scheune Anfang September 2021, es fehlen nur noch wenige Schauben

den Eichenpfosten aufgestellt. Die dafür angewendete Technik kennt man heute noch vom Maibaum-Stellen. Die stehenden Pfosten wurden dann mit hölzernen »Bändern« und »Riegeln« verbunden, dann nach und nach die Wände und das Dachgebälk ergänzt.

Das Dach wurde mit Roggenstroh gedeckt. Stroh war als Nebenprodukt der Getreideernte eine gängige Dachbedeckung bis in die Neuzeit hinein. Um genug Stroh für das Dach zu gewinnen, mussten etwa vier Hektar Roggen zu »Schauben« verarbeitet werden. Dazu wurde das in Garben geerntete Getreide ausgedroschen, dann von Hand und mit Holzrechen gereinigt und »gekämmt«. Nach dem Ablängen wird es mit einem Strohseil zu einem festen Bündel geschnürt. Dieses Bündel nennt man »Schaube«. Diese Schauben werden dann auf die Dachlatten gebunden.

Der Bau der Scheune wurde im Rahmen eines ELR-Projekts gefördert (Entwicklungsprogramm Ländlicher Raum). Dazu wurden von der LEADER-Aktionsgruppe Oberschwaben circa 300.000 Euro bereitgestellt.

In der fertigen Scheune wird Korn gedroschen

Das Hühnerhaus im Bau,
im Herbst 2023

HÜHNERHAUS

Im Klosterplan:
PULLORUM HIC CURA ET PERPES NUTRITIO CONSTAT.

(Hier werden fortwährend die Hühner versorgt und gefüttert.)

Hühnerstall mit Hühnerleiter in der Wiener Willehalm-Handschrift, um 1320

Das Hühnerhaus ist im St. Galler Klosterplan als Struktur mit drei konzentrischen Kreisen dargestellt, genau wie auch der Gänsestall. Da Hühner und Gänse aber ganz andere Haltungsanforderungen haben, und entsprechend einen ganz anderen Stall brauchen, entstand die Idee, diese Kreise in verschiedene Ebenen zu setzen, um im Falle der Hühner einen vom Boden abgehobenen Stall zu schaffen, während die Gänse später einmal ebenerdig untergebracht sein werden.

Dass der eigentliche Stall vom Boden abgehoben ist, geht einerseits auf die älteste uns bekannte Darstellung eines Hühnerstalls zurück (siehe Abb.), dient andererseits aber auch dem Schutz der Hühner: der natürliche Reflex der Hühner bei Gefahr ist, sich in die Höhe zu flüchten, z. B. auf Äste eines Baumes. Wir hoffen, dass unsere Hühner in diesem Hühnerhaus vor Fuchs und Marder gut geschützt sind.

Eine ausführliche Beschreibung der Planung und Hintergründe finden sich in einem Beitrag von T. Marstaller in der Chronik 2019.

GEMÜSEGARTEN

Im Klosterplan:
hortus. hic plantata holerum pulchre nascentia uernant.

(Gemüsegarten. Hier grünen die schön aufwachsenden Gemüsepflanzen.)

Wir haben uns beim Gemüsegarten für einen Holzzaun entschieden, der – wie in der *Lex Baiuvariorum* (dem frühmittelalterlichen Gesetzeswerk der Bajuwaren) beschrieben – brusthoch ist, um Tiere am Eindringen zu hindern. Die spitzen Staketen bieten den Hühnern außerdem keinen Platz zur »Zwischenlandung«, sodass sie es bisher nicht geschafft haben, in den Garten zu flattern.

Die Beete im Innern des Gemüsegartens sind mit einem Holzrahmen eingefasst, wie es vom Mönch und späteren Abt des Klosters Reichenau, Walahfrid Strabo, in seinem Gartengedicht *de cultura hortorum* im frühen 9. Jahrhundert beschrieben wird:

»Dann erwärmt sich das Gärtchen vom Wehen des Südwinds und warmen Sonnenstrahlen; damit auch das eingesäte Erdreich nicht verschwemmt wird, häufelt man es, leicht abgeschrägt, an, etwas höher als der Boden, und rahmt es im Viereck mit Brettern.« (Übersetzung aus Schönberger 2015, *De cultura hortorum*, Reclam)

Im St. Galler Klosterplan sind alle Beete mit einer genauen Bezeichnung der Pflanzenart versehen. Nur ein Jahr lang konnten wir die Beete

Darstellung des Gartens im Klosterplan, mit Übersetzung

entsprechend dieser Beschreibung anordnen, danach ist ein Fruchtwechsel nötig.

Heutzutage würden wir einen solchen Garten eher als Würzkräutergarten bezeichnen, denn viele Gemüsesorten haben sich im Laufe der Jahrhunderte stark in Wuchs und Form verändert. Gemüse wie Blumenkohl und Brokkoli gab es noch nicht. Man geht davon aus, dass viele Gemüsearten kleiner waren und vor allem geschmacklich das Essen bereicherten. Bei den hier angebauten Sorten versuchen wir, möglichst nah an das mittelalterliche Erscheinungsbild der Pflanzen heranzukommen: Da es im 9. Jahrhundert zum Beispiel weder Stangen- noch Knollensellerie gab, säen wir Schnittsellerie. Vermutlich haben Getreide und Hülsenfrüchte im frühen Mittelalter den Großteil der Ernährung ausgemacht.

PARADIESGARTEN

Im Klosterplan:

inter ligna soli haec semper sanctissima crux est. in qua perpetuae poma salutis olent. hanc circum iaceant defuncta cadauera fratrum. qua radiante iterum. regna poli accipiant.

(Unter diesen Hölzern der Erde ist das Heiligste immer das Kreuz, an dem duften die Früchte des ewigen Heils. Um es herum sollen liegen die Leiber der verstorbenen Brüder, wenn es wieder erglänzt, mögen sie empfangen die Reiche des Himmels.)

Der Paradiesgarten ist im Klosterplan zugleich Friedhof und Obstgarten, hier werden Gräber im Wechsel mit genau bezeichneten Obsthölzern dargestellt. Ernst Tremp, ehemaliger Stiftsbibliothekar von St. Gallen, schreibt dazu:

»Die Verbindung von Obstgarten und Friedhof hat symbolische Bedeutung: Hinter dem Baumgarten [...] steht die Vorstellung des Paradieses [...]. Das Kreuz in der Mitte ist der Lebensbaum, an dem die ›Frucht‹ für das Heil der Welt, der Leib Christi, hängt.« (Tremp, E.: Der St. Galler Klosterplan – Faksimile, Begleittext, Beischriften und Übersetzung. St. Gallen 2014.)

Der Mittelalter-Archäologe Hans R. Sennhauser erläutert außerdem:

»Die Vielfalt der Bäume und Sträucher [soll] den üppigen Reichtum des Paradieses demonstrieren und gleichzeitig die Seligen im Paradies versinnbildlichen.« (Sennhauser, H. R.: St. Gallen – Klosterplan und Gozbertbau – zur Rekonstruktion des Gozbertbaues und zur Symbolik des Klosterplanes. Zürich 2001.)

Den Verfassern des Klosterplans ging es demnach wahrscheinlich mehr um die Symbolik, die in der Vielfalt der Gewächse steckt, als um eine möglichst produktive Obstplantage auf dem Mönchsfriedhof.

In der Mitte des Areals steht ein Kreuz, das 2019 aus einer etwa 200-jährigen Eiche vor Ort hergestellt worden ist. Die Handwerker benötigten etwa 700 Arbeitsstunden von der Konzeption über das Fällen und Aufarbeiten des Baums bis hin zur Formgebung und den Schnitzereien, um das Kreuz herzustellen. Es steht in einem Sockel aus Kalktuff – einem früher gern genutzten Baumaterial auf und im Vorland der Schwäbischen Alb.

Alle im Klosterplan genannten Bäume und Sträucher sind in diesem Areal an den vorgesehenen Stellen gepflanzt worden, doch ist es nicht sicher, dass auch alle davon auf Dauer im rauen Klima der Schwäbischen Alb gedeihen werden – auf der Insel Reichenau im Bodensee, wo der Klosterplan entstand, hätte man sich dabei sicher leichter getan. Bei der Auswahl der Sorten versuchen wir möglichst alte Sorten zu finden.

Die Mauer war auch ein wichtiges Versuchsobjekt, um Mörtelrezepturen zu testen und Erfahrung mit Materialmengen und Arbeitsaufwand zu sammeln. Denn bevor wir uns mit den großen, aufwendigen Steingebäuden beschäftigen, müssen wir das Mauern mit historischen Materialien beherrschen. Hierfür war der Bau der Paradiesgartenmauer ein wichtiger erster Schritt. Der Eingang mit Rundbogen war ebenfalls eine Premiere, bei der viele Arbeitsschritte zum allerersten Mal auf dem Gelände erprobt wurden.

Ein kleines Schindeldach schützt die Mauer vor eindringender Feuchtigkeit.

Herstellung des Holzkreuzes im Sommer 2019

Setzen des Torbogens mithilfe eines Lehrgerüstes

KORBMACHEREI

Körbe sind für uns wichtige Aufbewahrungs- und Transportgefäße. Sie sind in allen Größen herstellbar, sehr stabil und dennoch leicht. Sogar schwerer Lehm und Steine können darin transportiert werden. Nur wasserdicht sind sie natürlich nicht – hier sind Eimer oder Keramikgefäße gefragt.

Technisch hat sich das Korbmachen im Laufe der vielen Jahrhunderte kaum verändert. Noch vor 50 Jahren beherrschten viele Menschen auf dem Dorf das Korbmachen für den Eigenbedarf, erst in den vergangenen Jahren starb auch dieses Handwerk in Deutschland weitgehend aus.

Die Weiden für unsere Körbe werden Ende November bis Ende Februar in der Umgebung geschnitten und eingelagert.

Frische Weiden zu verarbeiten, wäre ungünstig, da sie beim Trocknen an Dicke verlieren und sich somit der Korb lockern würde. Bei zunächst getrockneten und anschließend eingeweichten Weiden passiert dies nicht. Vor dem Flechten müssen die Weiden folglich je nach Stärke eine gewisse Zeit gewässert werden. Dadurch werden sie wieder flexibel, sodass sie nicht brechen.

Korbmacherin bei der Arbeit

Quelle: Günter Ludwig

AKTIONSFLÄCHE – LABORATORIUM

Die beiden Pultdächer, die bei Bedarf mit einem großen Segeltuch verbunden werden, bieten einen wetterfesten Platz für Versuche, Vorführungen oder Kurse, die mit dem Betrieb der Klosterbaustelle nur am Rande zu tun haben.

An dieser Stelle wurde u.a. Eisen verhüttet, eine Glocke gegossen, ein Imker-Workshop veranstaltet und Bogen geschossen.

Eisenverhüttung im »Rennofen«. Dabei handelt es sich um einen Schacht aus Lehm, der abwechselnd mit Erz und Holzkohle befüllt wird. Zur Entnahme des Eisens muss der Ofen aufgebrochen werden.

Quelle: Simone Napierala

TÖPFEREI

Ein Töpfer ist auf dem Klosterplan nicht beschrieben, dennoch ist dieses Handwerk für unseren Alltag sehr wichtig: Hier werden unter anderem Trinkbecher, Töpfe und Kannen hergestellt, die von den Handwerkern und der Museumspädagogik genutzt werden.

Die Töpferei ist eines der Gewerke, bei dem die gesamte Produktionskette vollständig auf dem Gelände stattfindet. Es beginnt mit dem Abbau des Rohmaterials, d.h. des Tons oder Lehms, der an vielen Stellen des Geländes vorkommt, reicht über den Werkzeugeinsatz (Töpferscheibe, Mollen, Spatel usw.) und die Formgebung bis hin zum Brennen.

Der Töpfer hat je nach verfügbarer Tonqualität und gewünschtem Produkt verschiedene Möglichkeiten der Formgebung. Das Töpferrad ermöglicht das freie Drehen der Keramik, ähnlich einer modernen Töpferscheibe. Mit einem Stab, der zwischen die Speichen des Töpferrads gesteckt wird, wird das Rad in

Quelle: Ulrike Ehinger

Schwung versetzt. Dieser Schwung reicht, damit sich das Rad etwa 2–3 Minuten weiterdreht, in denen der Töpfer dann formen kann.

Eine weitere Methode der Formgebung ist die »Wulsttechnik« oder »Aufbautechnik«. Dabei wird ein Gefäß ohne Töpferscheibe aus Tonwülsten oder Tonrollen aufgebaut. Diese Technik ist sehr alt und wurde schon in der Jungsteinzeit ausgeübt. Im frühen Mittelalter ist sie bereits selten geworden und lässt sich nur noch in wenigen Regionen nachweisen.

Eine Zwischenstufe bzw. Kombination der beiden Techniken ist das Aufbauen der Keramik aus Tonwülsten auf einer kleinen, langsam mit der Hand angetriebenen Töpferscheibe. Dies nennt man auch »nachgedrehte Keramik«.

Lehm ist daneben einer der wichtigsten und ältesten **Baustoffe.** Der Lehm aus der Lehmgrube wird neben dem Töpfern ebenso als Material für die Wände benutzt, auch für Stampflehmfußböden (z.B in der Kirche) sowie für Öfen und Feuerstellen. Zum Bauen wird der Lehm mit viel Stroh und grobem Sand gemischt, wodurch er »mager« wird und beim Trocknen weniger Trocknungsrisse bekommt.

Blick ins Innere des Ofens: Einige wenige Gefäße liegen noch auf der Lochplatte aus Ton, unter der sich der »Feuerkeller« des Ofens befindet.

SCHMIEDE

Im Klosterplan: *fabri ferramentorum* (Eisenschmiede)

Gemeinsam mit dem Eisenschmied sind im Klosterplan zahlreiche weitere Gewerke in einem gemeinsamen Handwerkerhaus dargestellt. Dazu zählen unter anderem auch ein Goldschmied, ein Sattler, Schildmacher und Schwertfeger. Darin zeigt sich, dass Klöster auch Rüstungsbetriebe waren, die damit beauftragt waren, Waffen an den kaiserlichen Hof zu liefern.

Dieses Handwerkerhaus wird erst zu einem späteren Zeitpunkt an anderer Stelle des Geländes gebaut werden, da wir einige dieser Gewerke aktuell noch nicht benötigen.

Im Gegensatz dazu ist bereits jetzt die Arbeit des (Eisen-)Schmieds von großer Bedeutung. Er repariert und stellt Werkzeuge wie Äxte, Messer, Hämmer, Meisel und Maurerkellen her, aber auch Gürtelschnallen, Nägel und Beschläge für Türen und Truhen.

Für die Nachbearbeitung und das Schleifen der geschmiedeten Gegenstände befindet sich eine kleine Hütte neben der eigentlichen Schmiede. Hier gibt es u.a. Schleifsteine in verschiedenen Körnungen und Härtegraden, die zur Metallbearbeitung gebraucht werden.

Das verwendete Eisen ist zu großen Teilen Werkzeugstahl, der zwar modern (industriell) hergestellt ist, jedoch so ausgewählt wurde, dass er den Eigenschaften des unlegierten, mittelalterlichen Stahls möglichst nahekommt. Gleiches gilt für die

Der Amboss ähnelt in Form und Größe dem Amboss, der in dieser Szene im »Stuttgarter Psalter« aus dem frühen 9. Jahrhundert dargestellt ist

Holzkohle, die ebenfalls zugekauft wird.

Obwohl Klöster wohl keine Eisenverhüttung und keine Köhlerei betrieben, haben wir diese Verfahren zu Demonstrationszwecken mehrfach auf dem Gelände durchgeführt und dabei erfolgreich Eisen und Kohle hergestellt.

Eisenerz kommt auf der gesamten Schwäbischen Alb vor, im Wald hinter der Schmiede gibt es sogar einige ehemalige Erzgruben, sogenannte »Pingen«.

Um das Eisen auf Schmiedetemperatur (etwa 700–900°C) zu erhitzen, wird mit Blasebälgen Luft in ein Holzkohlefeuer geblasen. Die Blasebälge sind durch eine Lehmwand vor Hitze und Funkenflug geschützt.

Quelle: Günter Ludwig

HEILKRÄUTERGARTEN

Im Klosterplan:
herbularius
(Heilkräutergarten)

Der Kräutergarten ist die »Apotheke« des Klosters. Der Garten enthält 16 Kräuter, die im Klosterplan eingezeichnet sind und denen im Mittelalter eine heilende Wirkung nachgesagt wurde.

Einige der Kräuter sind auch heute noch als Heilpflanzen anerkannt, wie der Salbei, über den Walahfrid Strabo um das Jahr 829 in seinem Gartengedicht (»Hortulus«) schreibt:

»Vorn an der Stirn des Gartens blüht leuchtend der Salbei, der süß duftet, bedeutende Kraft besitzt und heilsamen Trank gewährt. Da er sich bei vielen Leiden der Menschen als hilfreich erwies, verdient er es, sich ewig grünender Jugend zu erfreuen.«

Andere der im Klosterplan eingezeichneten Pflanzen nutzen wir heute eher als Würzkräuter, wieder andere allenfalls zur Zierde. Einige der Kräuter sind in großer Menge giftig, z. B. die Frauenminze und die Poleiminze. Die Weinraute kann in Verbindung mit Sonnenlicht sogar Verbrennungen der Haut verursachen (eine sogenannte »phototoxische Wirkung«), die Kräuter sollten deshalb nicht berührt werden.

Für die erste Phase unserer Bautätigkeit haben wir uns entschieden, die Beete des Kräutergartens mit Lesesteinen zu umranden, später werden diese evtl. durch Bohlen ersetzt, wie bereits im Zusammenhang mit dem Gemüsegarten beschrieben.

Im Juni blüht die Schwertlilie, deren Wurzel man gegen Blasenleiden einsetzte und deren Duft man schätzte

Quelle: Ulrike Ehinger

BIENEN

Bienen sind im frühen Mittelalter für viele Klöster bezeugt, teilweise gehörten zu großen Klöstern 60 bis 70 Bienenvölker.

Wachs und Honig zählen zu den Abgaben, die hörige Bauern an Grundherren, also auch an Klöster, geliefert haben, da hier stets großer Bedarf herrschte: Insbesondere für Kerzen als Lichtquelle brauchte man es permanent.

Gerne vergisst man, dass auch für Goldschmiede- und Bronzearbeiten viel Wachs benötigt wird: Für den Guss der Glocke im April 2018 wurden etwa fünf Kilogramm Wachs benötigt, d.h. so viel wie etwa 50 Rutenstülper (= 50 Bienenvölker) liefern.

Im »Utrechter Psalter«, um das Jahr 820 entstanden, sind auf einer der Miniaturen Menschen bei der Honigernte dargestellt. Man erkennt gut die Form der Rutenstülper und die Bienen.

Im frühen Mittelalter gab es je nach Region unterschiedliche Bienenbehausungen. Für unsere Region ist der Rutenstülper am wahrscheinlichsten. Dabei handelt es sich um eine Art Weidenkorb, der mit Lehm und Kuhmist abgedichtet wird. In der Saison 2018 wurden deshalb mehrere Rutenstülper hergestellt und zu Versuchszwecken bevölkert. Neben den Rutenstülpern sind auch Klotzbeuten (ausgehöhlte Baumstämme) im Einsatz, die aber eher für dichte Waldgebiete wie den Schwarzwald wahrscheinlich sind.

Es ist möglich, dem Bienenvolk nur Teile der Waben zu entnehmen oder das gesamte Volk in eine neue Behausung umzusiedeln, sodass das Volk nicht getötet werden muss, um Wachs und Honig zu ernten.

DRECHSLEREI

Im Klosterplan: *tornariorum* und *tornatores* (»Dreherei« sowie »Dreher« bzw. »Drechsler«)

Der St. Galler Klosterplan kennt gleich zwei Drechsler, die als *tornariorum* und *tornatores* bezeichnet sind. Bei *tornariorum* handelt es sich um die Drechslerei, die sich in Nachbarschaft zur Bäckerei und Brauerei ein Gebäude mit dem Küfer teilt. Hierbei handelt es sich wahrscheinlich um einen Drechsler, der Geschirr herstellt (Holzteller, Schüsseln usw.).

Die *tornatores* dagegen sind im Handwerkerhaus des Klosterplans eingezeichnet, wo sich auch Eisenschmied und Sattler nebst vielen anderen Handwerkern befinden. Damit sind wohl eher Werkzeugdrechsler gemeint.

Auf unserem Gelände gibt es bislang nur eine Drechslerei, die beides bedient. Der Bedarf umfasst vorwiegend Werkzeugstiele, Räder (Naben und Speichen werden gedrechselt) sowie Möbelteile.

Drechselware war im frühen Mittelalter sehr beliebt. Einige besonders bemerkenswerte Beispiele dafür wurden bei Ausgrabungen eines Gräberfeldes in Seitingen-Oberflacht (nicht weit von Campus Galli entfernt, ca. 30 km westlich von Meßkirch) gefunden. Durch die hohe Feuchtigkeit im Boden blieb auch Holz erhalten. Die Funde datieren ins 6./7. Jahrhundert, sind also rund 200 Jahre älter als der Klosterplan. Darunter befinden sich u.a. Teller und Becher, Feldflaschen und Kerzenständer, die von der großen Kunstfertigkeit der damaligen Handwerker zeugen.

Im Jahr 2021 gelang unseren Drechslern Außergewöhnliches: Auf der Wippbogen-Drehbank wurden erstmals frühmittelalterliche Feldflaschen hergestellt, in Anlehnung an die berühmten Funde aus Seitingen-Oberflacht. Das Bild zeigt einen Zwischenschritt bei der Herstellung, hier wird gerade der Innenraum hohl gedrechselt.

Zumeist wird an der Drechslerei die Wippbogen-Drehbank verwendet. Angetrieben wird sie durch die Wippe, die der Drechsler mit dem Fuß herunterdrückt. Das Werkstück kann immer nur bearbeitet werden, wenn es sich auf den Drechsler zudreht. Dies erfordert etwas Erfahrung und eine gute Koordination.

Für große Werkstücke reicht die Kraft der Wippbogen-Drehbank nicht aus. Als es an die Herstellung der Säulen für die Chorschranke in der Holzkirche ging, musste eine zusätzliche, größere Drehbank gebaut werden. Für diese Art des Drechselns werden ein bis zwei Helfer benötigt, die das Werkstück mithilfe eines Seiles antreiben.

Zum Drechseln der Säulen für die Kirche wurde eine größere, über einen Handriemen angetriebene Drehbank verwendet

KÜFEREI

Im Klosterplan gibt es einen Fass-Küfer, der zusammen mit dem Drechsler in einem Gebäude neben der Brauerei der Brüder untergebracht ist. Auch wenn wir noch keine Brauerei haben, und dementsprechend keine Fässer brauchen, sind die Eimer, die der Küfer herstellt, sehr wichtig für uns. Der Küfer befindet sich auch auf dem Campus Galli neben der Drechslerei.

Die Herstellungstechnik von Fässern und Eimern ähnelt sich stark, man könnte sagen, dass ein Eimer im Prinzip ein halbiertes Fass ist. Beide werden aus Dauben zusammengesetzt, die mit mehreren Reifen in Position gehalten werden. Die Dauben müssen sehr präzise zusammengepasst werden. Sie bestehen aus trockenem Holz, das beim Füllen des Eimers/Fasses dann etwas aufquillt und die Dauben somit wasserdicht gegeneinander gepresst werden. Ein fertiger Eimer darf deshalb nicht zu trocken gelagert werden, weil er durch das erneute Schrumpfen des trocknenden Holzes undicht würde.

Für das Handwerk des Küfers gibt es viele regionale Bezeichnungen, so z. B. auch Böttcher oder Schedler.

Eimer verschiedener Form und aus unterschiedlichem Holz. Die vorderen beiden sind aus Fichte, der Eimer hinten rechts aus Eichenholz. Die Reifen werden aus Haselruten hergestellt.

Die Holzkirche war das erste größere Gebäude, das auf dem Gelände errichtet wurde. Handwerklich stellte sie in vielerlei Hinsicht eine Herausforderung dar, die in der Anfangsphase des Projekts noch ohne große Erfahrung gemeistert werden musste.

Auch planerisch war die Holzkirche ein Lehrstück: sowohl in Bezug auf die historisch plausible Gestaltung als Sakralraum als auch in Bezug auf moderne Bau- und Sicherheitsvorschriften. Durch ihre Realisierung machten wir viele Erfahrungen, die für den weiteren Projektverlauf von großer Bedeutung sind.

HOLZKIRCHE IN ZAHLEN

gebaut 2014–2017
Grundriss 6 × 12 m
Höhe 9 m
14.000 Dachschindeln
schwerster Balken (Altarstufe) etwa 1 Tonne Gewicht
Altarplatte: 350 kg Sandstein

Der Spruch *ora et labora et lege* (bete und arbeite und lese) stammt zwar erst aus dem späten Mittelalter, er gibt dennoch gut wieder, wie man im 9. Jahrhundert als Mönch lebte. Neben den Wohn- und Arbeitsräumen gehörte deshalb eine Kirche zu den ersten Gebäuden, die auf dem Gelände entstanden. Diese Kirche entspricht funktional momentan der Abteikirche, sie wird später aber durch den großen Steinbau abgelöst, der auf der Anhöhe entstehen wird.

Im nordöstlichen Bereich hinter der Kirche gibt es eine Fass-Zisterne. Das Regenwasser des Kirchenbereichs wird in diese Zisterne geleitet. Sie besteht aus drei Fässern in der Mitte, die übereinander liegen (ähnlich einem Brunnenschacht), sowie aus umliegenden Steinen. Das Regenwasser sammelt sich in der Zisterne und kann bei Bedarf abgeschöpft werden.

Im südöstlichen Teil ist ein kleiner Kreuzgang an die Kirche angebaut. Dieser dient als seitlicher Zugang zum Chorraum, aber auch als Ort der Beratung, wie es im Klosterplan beschrieben ist.

Quelle: Günter Ludwig

Der Ostgiebel der Holzkirche mit dem kleinen Kreuzgang

Obwohl diese Kirche nicht aus dem Klosterplan selbst hervorgeht, haben wir bei der Planung die Kirchen des Klosterplans, insbesondere die Nebenkirchen, im Hinterkopf gehabt. Die räumliche Strukturierung in Altarraum, Chorraum und Westbereich ist auch in den Kirchen des Klosterplans zu sehen, ebenso wie die Stufe hin zum Altarraum.

In der »Gallusvita« (geschrieben von Walahfrid Strabo, der vermutlich auch an der Entstehung des Klosterplans beteiligt war) wird vom Leben und Wirken des heiligen Gallus berichtet. Darin wird geschildert, dass Gallus nach seinem Tod (im Jahr 640) zwischen dem Altar und der Ostwand des »Bethauses« bestattet wurde. Bereits wenige Jahrzehnte nach seinem Tod wurde der Sarg durch Bischof Boso als Hochgrab (oberhalb des Bodens) mit einem Schrein für die Verehrung zugänglich gemacht.

Das Gallusgrab entwickelte sich zur Pilgerstätte, seine sterblichen Überreste wurden zur Reliquie. Die Bedeutung, die St. Gallen in religiöser, politischer und wirtschaftlicher Hinsicht im Laufe der Jahrhunderte bekam, hängt wesentlich mit der Existenz des Gallusgrabes zusammen.

Als Keimzelle St. Gallens und Kernelement des Klosterplans, war es uns wichtig, diese auch auf dem Campus Galli zu veranschaulichen. Zu diesem Zweck wurde 2023 hinter dem Altar ein Schrein gebaut. Die Ausführung ist angelehnt an noch erhaltene Heiligengräber aus dem frühen Mittelalter. Selbstverständlich enthält der Schrein keine Gebeine, sondern dient nur der musealen Vermittlung.

Die bauliche Ausführung der Kirche orientiert sich in einigen Details an konkreten, realen Vorbildern: So stammt die Vorlage des **Altars** aus Niederzell von der Insel Reichenau. Auch die Form der **Fenster** ist der Reichenau entlehnt: Die Krypta von St. Georg in Oberzell besitzt mehrere Holzfenster, die in Holzbohlen geschnitten sind und dieselben Proportionen haben. In Oberzell sind diese Holzbohlen allerdings in gemauerte Wände eingelassen.

Das **Fensterkreuz** im Westgiebel gibt es in vielen frühen Kirchen, z. B. in St. Prokulus in Naturns (Südtirol).

Die Form und Ausführung der **Chorschranken** orientieren sich stark an der Kirche von Molzbichl in Kärnten. Dort bestanden die Chorschranken aus Stein, wie auch bei den wenigen anderen erhaltenen Beispielen. Wir gehen davon aus, dass deren Vorbilder hölzerne Chorschranken waren, die möglicherweise ähnlich aussahen wie die von uns rekonstruierten. (Details dazu im Beitrag von Tilmann Marstaller in der »Chronik 2018«.)

Detail eines verzierten Pfeilers in der Holzkirche

Aufbau des Gallus-Schreins im Herbst 2023

Quelle: Tilmann Marstaller

GLOCKENTURM

Im Turm hängen Tabula (Klangholz) und Glocke, die durch ihre erhöhte Position weithin zu hören sind. Während die Tabula zum Arbeitsbeginn und Arbeitsende geschlagen wird, läutet die Glocke nur einmal am Mittag zum Essen.

Im Untergeschoss des Turms befindet sich ein weiterer Raum, dessen Nutzung den jeweiligen Gegebenheiten angepasst werden kann: Er kann gleichermaßen als Schreibstube dienen, als Lagerplatz oder gar als Sakristei des Klosters.

GLOCKENGUSS

Die Glocke wurde im April 2018 endlich erfolgreich vor Ort gegossen, nachdem zwei Versuche in den Jahren 2015 und 2016 misslangen. Der Glockenguss fand in Kooperation mit dem erfahrenen Kunstgießer und Archäologen Dr. Bastian Asmus statt.

Die nach Vorbildern des 11. Jahrhunderts gestaltete Glocke wiegt etwa 40 Kilogramm und besteht aus Zinnbronze (80 % Kupfer, 20 % Zinn). Aufgrund ihrer Form wird dieser Glockentyp als »Bienenkorbglocke« bezeichnet. Derartige Glocken klingen noch nicht so voll und sauber wie die heute gebräuchlichen Glocken, deren Form sich seit dem 13. Jahrhundert kaum verändert hat.

Beim Glockenguss wurden in drei dieser Tiegel insgesamt 60 Kilogramm Bronze geschmolzen

Quelle: Oliver Bonstein

DIE SPÄTERE ABTEIKIRCHE – EIN AUSBLICK

Nahe der Steinmetzkreuzung, dort, wo das Gelände nach drei Seiten hin langsam abfällt, wird in vielen Jahren die große Abteikirche des Klosterplans gebaut werden (siehe Abb. Gebäudeverteilung). Der Gedanke an dieses monumentale Bauwerk und die damit verbundenen handwerklichen Herausforderungen erfüllt uns einerseits mit Ehrfurcht, andererseits sind wir fasziniert und angezogen von der Aussicht, an einem solchen Bauprojekt teilhaben zu dürfen.

Die Abteikirche ist das Herzstück des Klosterplans. Sie enthält das Grab des heiligen Gallus und hatte nicht nur die Funktion einer Klosterkirche zu erfüllen, sondern sie war darüber hinaus Wallfahrtsort und für das Großkloster St. Gallen ein Bauwerk, das auch seine politische Bedeutung unterstreichen sollte.

Die Abteikirche ist das einzige Gebäude des St. Galler Klosterplans, bei dem Angaben zu Länge und Breite gemacht werden:

Hier steht in karolingischen Großbuchstaben
»AB ORIENTE IN OCCIDENTEM LONGITUDO PEDEM CC«

Es wird also eine Längenangabe von 200 Fuß gemacht, was auf den ersten Blick sehr konkret scheint. Bei genauerem Hinsehen ist es das aber nicht. Daran lässt sich gut illustrieren, was eine auf dem St. Galler Klosterplan basierende Bauplanung so schwierig macht:

Ein Fuß war in der Karolingerzeit kein einheitliches Maß, denn jede Baustelle legte vor Ort ihr eigenes Fußmaß fest. Zwar bewegt sich dies immer im Bereich von circa 31–34 Zentimetern, doch bei einer Gesamtlänge von 200 Fuß beträgt die Abweichung aus den verschiedenen Fußmaßen mehrere Meter. Unklar ist auch, worauf sich die Maßangabe genau bezieht? Handelt es sich um die Außenmaße des Gebäudes oder die Maße des Innenraums bzw. eines Teils davon?

Nicht alle Klosterplan-Forscher sind sich darüber einig, wann und wo diese Maßangaben ergänzt wurden. Es wäre durchaus denkbar, dass dies erst einige Zeit nach Fertigstellung des Plans in St. Gallen geschah – und somit auch nicht mehr am Entstehungsort des Plans, der Insel Reichenau. Welche Angaben haben nun Priorität, die zeichnerischen oder die textlichen? Bezieht man auch die an-

Die Computersimulation zeigt eine mögliche Interpretation des Innenraums der Abteikirche

deren Maßangaben der Abteikirche mit ein – 40 Fuß Breite des Mittelschiffs, 20 Fuß Breite der Seitenschiffe, 6 Fuß Säulenabstand –, wird klar, dass die zeichnerische Darstellung und die beschreibenden Angaben unterschiedliche Proportionen wiedergeben. Auch hier stellt sich die Frage der Prioritäten.

Die bauliche Ausführung richtet sich jedoch nicht allein nach dem Klosterplan, der von den Besuchern nachvollziehbar sein soll. Sie richtet sich auch nach der am Standort vorherrschenden Bodenbeschaffenheit und den in der Umgebung verfügbaren Baumaterialien: Die Höhe und Stärke der Wände, die Bautechnik und auch die maximal überspannbaren Weiten hingen damals stark von der Tragfähigkeit des Untergrunds und den lokalen Baustoffressourcen ab. Das Klima am Standort wirkt sich wiederum auf die Wahl der Dachdeckung aus, und dies wiederum prägt die Gestalt der Dachkonstruktion.

Da der St. Galler Klosterplan keinerlei Angaben zu Ausführung, Material, Form und Farbe macht, sind für die Bauten folglich umfassende bauarchäologische und historische Recherchen erforderlich. Dies gilt ebenso für die Ausgestaltung und Ausstattung der Klosterbauten.

Bis also mit dem großen Bau der Abteikirche begonnen werden kann, müssen viele Entscheidungen gefällt und viele Erfahrungen gemacht werden. Wir tasten uns an diesen Monumentalbau Schritt für Schritt heran.

Quelle: Marc Grellert, © 2019 Architectura Virtualis, Kooperationspartner der TU Darmstadt

STEINMETZWERKSTATT

Im Verlauf unseres Projekts wird die Bedeutung des *cementarius* (Steinmetz und Maurer) zunehmen, da auf dem Weg zum Großkloster immer mehr in Stein gebaut werden wird.

Das Mauerwerk der Karolingerzeit besteht i.d.R. aus Bruchsteinen und wurde überwiegend verputzt oder mit einer Kalkschlämme bedeckt. Einzelne Steine an besonderen Positionen, wie z.B. Eckquader, Türstürze, Arkaden oder Treppenstufen, sind jedoch fein, d.h. »auf Sicht« bearbeitet. Dass trotz des spärlichen Einsatzes die Steinbildhauerei auf hohem Niveau beherrscht wurde, zeigen u.a. die erhaltenen Teile von reich verzierten, steinernen Chorschranken, Säulenbasen oder Kapitellen, wie sie z.B. auf der Insel Reichenau und in St. Gallen gefunden wurden.

Da in der Umgebung von Campus Galli hauptsächlich Kalkstein vorkommt, wird vorwiegend Kalkstein verarbeitet. Dieser unterscheidet sich aber stark nach den Entstehungs- und Lagerungsbedingungen. Während sich Kalktuff und Travertin sehr gut bearbeiten lassen und insbesondere Letzterer sogar für feinere Werksteine nutzbar ist, lässt sich der viel häufiger vorkommende Jurakalk fast nur für grobes Bruchsteinmauerwerk nutzen.

Für bestimmte Zwecke, wie z.B. für die Altarplatte der Kirche oder den Torbogen am Paradiesgarten, wird auch hochwertiger Buntsandstein aus dem Schwarzwald herbeigeschafft. Kleinere Sandsteinvorkommen gibt es auch ganz in der Nähe, am Südrand der Alb. Dieser

WARUM IST AUF DEM KLOSTERPLAN KEIN STEINMETZ ODER MAURER EINGEZEICHNET?

Obwohl die großen frühmittelalterlichen Kirchen alle aus Stein gebaut sind, sucht man den *cementarius* auf dem Klosterplan vergebens. Dies leuchtet ein, wenn man sich klarmacht, dass der Klosterplan keine Baustelle darstellt, sondern ein fertiges Kloster! Auch viele andere Gewerke, die nicht Teil des Klosterplans sind, werden zum Bau der Abteikirche auf dem Campus Galli benötigt werden: Glaser (für die Kirchenfenster) und Maler (für die Ausmalung der Kirche) sind Beispiele dafür.

Stein ist hellgrau bis beige, relativ grobkörnig und dadurch nicht für feinere Arbeiten geeignet. Dieser Sandstein wird heute nicht mehr abgebaut – aus Abbruchhäusern haben wir solches Material aber schon bekommen können.

Die Werkzeuge müssen je nach Gesteinsart, Werkzeugart und Gebrauch regelmäßig neu ausgeschmiedet, gehärtet und geschliffen werden, da sie sehr schnell stumpf werden. Teilweise werden sie im laufenden Tagesgeschehen mehrmals gerichtet.

Indem man sich den Druck von quellendem Holz zunutze macht, werden Steine präzise gespalten

In Handarbeit werden aus rohen Blöcken feine Werkstücke. Hier wird gerade eine kleine Säule für den Gallusschrein hergestellt.

ABTSHOF-NEBENGEBÄUDE

Hier entsteht seit Herbst 2021 das erste Steingebäude auf dem Campus Galli. Im St. Galler Klosterplan ist es das Nebengebäude des Abtshofs, der »von Zäunen rings umgeben« (im Klosterplan: *Saepibus in gyrum ductis sic cingitur aula*) ist. Der Abtshof besteht aus zwei Gebäuden, die mit einem gemeinsamen Innenhof einen abgeschlossenen Gebäudekomplex bilden. Das größere der beiden Gebäude wird erst später gebaut werden. Es beinhaltet die Wohnung des Abts und lässt anhand des Klosterplans eine hochwertige Ausführung mit Arkaden annehmen.

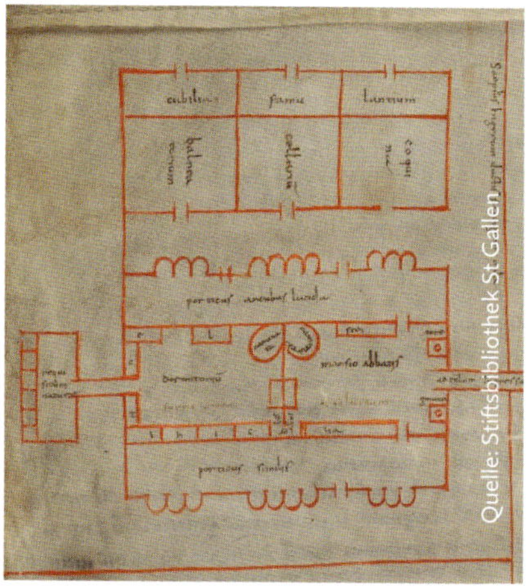

Darstellung des Abtshofs im St. Galler Klosterplan

Im Küchen- und Lagerbereich bestehen die Wände aus Kalkstein

Das Nebengebäude beinhaltet eine Küche (*coquina*), einen Lagerraum (*cellarium*) und eine (Bad)Stube (*balnaetorium*). Auf der Rückseite des Gebäudes, jeweils an die großen Räume angelehnt, finden sich Schlafräume für die Bediensteten. Entsprechend der Nutzung werden die Räume in unterschiedlichem Material ausgeführt: Küche und Lager in Stein, die Stube in Holz und die Schlafräume als Holzgerüstbau mit Lehm-Flechtwerk-Ausfachung (wie z. B. auch am Glockenturm oder an der Scheune).

Ein Gebäude wie dieses hätte in einem kleinen Kloster oder einer frühen Phase St. Gallens auch Wohnraum für die Mönche selbst sein können. Uns ermöglicht dieses Gebäude nach seiner Fertigstellung, Lebensbereiche des Klosters zu zeigen, die momentan noch wenig präsent sind, wie z. B. das Kochen, Schlafen, Schreiben usw.

Das Mauerwerk besteht hauptsächlich aus Kalkstein, der nur bei den Ecksteinen etwas stärker bearbeitet wird. Die Türlaibungen und Stürze werden aus dem gleichen Buntsandstein gemacht, aus dem auch schon die Altarplatte der Kirche und der Rundbogen am Paradiesgarten bestehen.

Das Dach des Abtshof-Nebengebäudes wird mit Schindeln gedeckt

Quelle: Günter Ludwig

Blick von der späteren Badstube aus Richtung Lager und Küche

HOLZHANDWERKER UND ABBUNDPLATZ

Auf der großen Fläche zwischen Steinmetz und Marktplatz wird ein Großteil der Hölzer für die aktuellen Bauvorhaben behauen und »abgebunden«. Als »Abbund« bezeichnet der Zimmerer das Anreißen und fertige Zurichten der einzelnen Holzverbindungen sowie das anschließende, erste Zusammenfügen.

Ein Teil der Baumstämme, die wir zu Balken verarbeiten, werden direkt auf dem Gelände eingeschlagen. Diese Stämme werden dann oft direkt an Ort und Stelle behauen, weil dies den Transport erheblich erleichtert. Umso frischer das Holz ist, desto leichter lässt es sich außerdem behauen. Im Mittelalter fällte man das Holz vor allem dann, wenn es gebraucht wurde. Jahreszeiten oder Mondphasen spielten dabei nachweislich eine erheblich kleinere Rolle als oft behauptet wird. Dennoch war es den Zimmerleuten sicher bewusst, dass ein Holz, das »im Saft« steht, anfälliger ist für Schädlingsbefall als ein im Winter geschlagener Baumstamm.

Alles Holz, das von außerhalb kommt, wird als Stamm am Abbundplatz abgelegt und dann hier weiterverarbeitet. Als Bauholz wer-

Quelle: Hannes Napierala

Durch Übereinanderlegen können Maße übertragen und gleichartige Bauteile einfacher angerissen werden

den bei uns vorwiegend Fichte und Eiche verwendet.

Direkt am Abbundplatz befindet sich eine Werkstatt, in der verschiedene Holzarbeiten ausgeführt werden – heute würde man dies vielleicht als Schreinerei bezeichnen, doch im Frühmittelalter war das Holzhandwerk noch nicht so stark spezialisiert: Der Übergang von Schreiner- und Zimmererhandwerk war fließend, so wie sich auch bei uns die Holzhandwerker gegenseitig unterstützen, je nachdem worauf gerade der Schwerpunkt der Arbeiten liegt. Es werden hier genauso Werkzeugstiele, Rechen und Heugabeln hergestellt wie auch Türen und Tore, Truhen und Bänke.

Ein wichtiges Arbeitsmittel ist dabei die Schnitzbank – damit können Werkstücke mittels eines einfachen Klemm-Mechanismus fixiert werden.

SCHAFGEHEGE

Im Klosterplan:
Hic caulas ouium caute dispone tuarum
(Hier richte geschickt deinen Schafpferch ein)

Sehr schematisch sind im Klosterplan die Ställe für Schafe, Ziegen, Schweine, Rinder und Stuten dargestellt, in denen auch die Knechte wohnen. Es ging den Planverfassern wohl eher um eine Aufzählung von Tierarten und dem nötigen Personal als um die genaue Darstellung der Haltungsbedingungen. Im Laufe der nächsten Jahre wollen wir den großen Schafsstall des Klosterplans in Angriff nehmen, um unsere Herde vergrößern und die Tiere besser nutzen zu können.

Schafe und Ziegen lieferten dem Kloster nicht nur Milch und Fleisch, sie waren insbesondere für die Pergamentherstellung unverzichtbar.

Auf unserem Gelände halten wir Waldschafe. Dabei handelt es sich um eine sehr alte, bedrohte Haustierrasse, die vom mittelalterlichen Zaupelschaf abstammt. Sie liefern Wolle für unsere Weberei und kommen auch als Landschaftspfleger zum Einsatz: Sie halten dort, wo es nötig ist, die Vegetation kurz und können sogar eine Rodung vorbereiten, indem sie den Unterwuchs abfressen.

Im Herbst werden in der Regel einige Tiere geschlachtet und das Fleisch für unsere Gastronomie am Marktplatz genutzt.

Die jährliche Schafschur findet nach den Eisheiligen im Mai statt

Quelle: Simone Napierala

SCHWEINESTALL

Im Klosterplan:
Iste sues locus enutrut custodit adultas
(Dieser Ort zieht die Sauen auf und hütet ausgewachsene [Tiere])

Schweine dienten im Kloster als Fleischlieferant für die Verpflegung von Gästen und Pilgern und in geringerem Maße auch für die Mönche selbst – denn der Verzehr vierbeiniger Tiere war den von Krankheit besonders geschwächten Mönchen vorbehalten.

Ab dem Frühjahr 2024 halten wir eine andere Schweinerasse als bisher: Wir halten zukünftig Duroc-Schweine. Diese sind ähnlich stark behaart, wie man sich dies bei Schweinen im Mittelalter vorstellen kann, sie sind relativ robust und deshalb auch für die Freilandhaltung geeignet. Als Schweinerasse wurde das Duroc-Schwein wie auch die meisten anderen Schweinerassen erst im 19. Jahrhundert definiert. Im Mittelalter gab es diese Rassedefinition noch nicht, ein Schwein war ein Schwein, auch wenn jedes ein wenig anders aussah.

Die Freiland-Haltung von Schweinen erfordert in Deutschland wegen der Ansteckungsgefahr für Wildschweine mit Schweinepest (ASP) einen doppelten Zaun. Der innere Zaun ist in unserem Gehege ein Elektrozaun, um den Besuchern zu verdeutlichen, dass der doppelte Zaun einer modernen Auflage geschuldet ist.

Quelle »Der verlorene Sohn« von Albrecht Dürer, gemeinfrei

Hausschweine sahen im 9. Jahrhundert sicher ähnlich aus wie Albrecht Dürer sie noch um 1496 darstellte – man könnte sie fast für Wildschweine halten

SCHINDELMACHERWERKSTATT

Schindeln gehören zu den dauerhaftesten Dachbedeckungen, die uns zur Verfügung stehen. Als Faustregel geht man pro Grad Neigung der Dachfläche von einem Jahr Haltbarkeit aus (also bei der Schindelmacherwerkstatt 30 Jahre und bei der Kirche 60 Jahre).

Schindeln werden bei uns aus Fichtenholz geschlagen. Der Herstellungsprozess ist aufwendig: Schon das Heraussuchen des Baumes erfordert viel Erfahrung, da nur wenige Bäume geeignet sind. Nach dem Fällen müssen Stammabschnitte (in Süddeutschland »Rugel«) herausgesägt werden, die astfrei und von ausreichendem Durchmesser sind. Weil dafür die Astkränze entfernt werden müssen, sind jeweils zusätzliche Sägeschnitte erforderlich. Die Stammabschnitte werden bei uns meistens auf eineinhalb Fuß, also etwa 45 cm, abgelängt. Dies entspricht der Länge der späteren Schindeln.

Beim Spalten der Schindel dreht man das Holz so, dass die Jahresringe idealerweise senkrecht zur Dachfläche »stehen«. Das harte, dunkle Winterholz der Jahrringe bildet dann kleine Führungsrinnen für das Regenwasser, das somit besser abläuft. Durch das Spalten des Holzes werden die Holzfasern nicht verletzt. Dadurch ist die Schindel besser gegen Fäulnis geschützt und saugt sich nicht mit Wasser voll.

Der Hammer des Schindelmachers besteht aus gerollter Rinderhaut

Hier wird gewoben, gesponnen, genäht und gefärbt. Dabei wird sowohl Schafwolle als auch Flachs verarbeitet. Die Wolle stammt größtenteils von unseren eigenen Schafen, der Flachs wird auf unseren Feldern angebaut.

Die Wollverarbeitung beginnt mit dem Scheren der Schafe. Das rohe Vlies muss gereinigt, die Wolle gezupft, gekämmt und evtl. müssen gröbere Haaranteile aussortiert werden.

Um Flachsfasern aus den Leinenstängeln gewinnen zu können, sind noch mehr Arbeitsschritte notwendig als bei Wolle. Ein feiner Leinenstoff war dementsprechend auch kostbarer.

Gesponnen wurde im Frühmittelalter, wie schon jahrtausendelang zuvor, mit der Handspindel. Diese besteht aus einem Spindelstock, meist aus Holz, und einem Spinnwirtel aus Ton, Holz oder Knochen. Die ersten Spinnräder kommen erst ab dem 13. Jahrhundert auf.

Gewebt wurde im Frühmittelalter mit dem Gewichtswebstuhl. Hierbei werden die Kettfäden mithilfe von Webgewichten aus Ton nach unten gespannt. Man schlägt das Gewebe mit dem Webschwert dementsprechend nach oben an – und nicht wie bei späteren Webstühlen nach unten.

Wegen der vielen zeitaufwendigen Arbeitsschritte ist ein vollständig mit frühmittelalterlicher Technik hergestelltes Kleidungsstück sehr wertvoll und – anders als heute, in Zeiten billiger Massenware aus Asien – wurde alles geflickt und wiederverwendet.

Der enorme Zeitaufwand beim Weben macht es für unsere Arbeitskleidung notwendig, in großem Umfang Leinen- und Wollstoffe zuzukaufen, die von uns zu mittelalterlichen Gewändern verarbeitet werden. Allein mit Nähen und Reparieren der Kleidung sind wir sehr stark beschäftigt, für große Mengen selbstgewebten Tuchs fehlen die Hände!

Tuche waren schon immer eine beliebte Handelsware, man importierte sogar kostbare Seide aus dem Fernen Osten. In einem Kloster wurde wahrscheinlich nicht selbst gewebt. Zwei »Kleiderkammern« sind aber auch auf dem Klosterplan verzeichnet.

Im Frühmittelalter gab es an größeren Höfen Frauenarbeitshäuser, die *genicia*, in denen gemeinsam an der Tuchherstellung gearbeitet wurde; es ist also zu vermuten, dass diese Arbeit vor allem von Frauen geleistet wurde.

Schafwolle kann im Vlies, als Garn oder als fertiges Tuch gefärbt werden. Bei der einfachen Färberei, wie wir sie hier zeigen, war die Garnfärbung üblich. Man benötigt dafür nicht so große Gefäße wie für fertige Stoffbahnen.

Unterschiedlich gefärbte Garne wurden z. B. mit der Brettchenweberei oder dem Webkamm zu bunten kunstvollen Bändern verarbeitet, die als Borten und Verzierungen an den Kleidungsstücken angebracht wurden. Auch bei unseren Mitarbeiterinnen und Mitarbeitern ist dies teilweise zu sehen.

Leinenstoff nimmt Farbe deutlich schlechter an als Wolle. Dies ist auch ein Grund, warum unsere normale Arbeitskleidung überwiegend ungefärbt bleibt.

Der um das Jahr 830 n. Chr. entstandene Stuttgarter Psalter zeigt die Menschen in sehr farbenprächtiger

Bevor gewebt werden kann, sind viele Arbeitsschritte notwendig, wie hier das Spinnen mit der Handspindel

Kleidung. Ob Textilien im Frühmittelalter tatsächlich entsprechend gefärbt waren oder ob die bunten Darstellungen stark übertrieben sind, um das Buch attraktiver zu gestalten, ist nicht gesichert. Textilarchäologen gehen heute davon aus, dass das Färben von Kleidung für viele Menschen im Frühmittelalter keine große Rolle gespielt hat. Der derzeitige Wissensstand erlaubt uns nicht, eine Aussage darüber zu machen, ob gewisse Farben nur bestimmten Bevölkerungsgruppen vorbehalten waren, so wie die Farbe Purpur in der Spätantike dem Kaiser.

Quelle: Günter Ludwig

Beim Brettchenweben können dekorative Bänder hergestellt werden

Darstellung von Feldarbeit im »Stuttgarter Psalter«. Dass die Menschen beim Pflügen tatsächlich einen roten Umhang trugen, ist unwahrscheinlich.

LANDWIRTSCHAFT

Ein Kloster war im frühen Mittelalter immer auch ein großer landwirtschaftlicher Betrieb, denn die vielen Bewohner, Gäste und Pilger mussten verpflegt werden. Ein Großkloster wie St. Gallen oder Reichenau bewirtschaftete nicht nur große landwirtschaftliche Flächen im direkten Umfeld, sondern auch eine Vielzahl von Besitztümern außerhalb, die das Kloster mitversorgten.

Einen großen Teil unserer landwirtschaftlichen Flächen (insgesamt 5,5 ha) nimmt das Grünland ein, das u. a. als Weide genutzt und auf dem Heu für den Winter gemacht wird.

Bei der Auswahl der Feldfrüchte, die wir anbauen, orientieren wir uns sowohl an schriftlichen Quellen wie dem Klosterplan und dem *Capitulare de villis* (Landgüterverordnung Karls des Großen), aber auch an archäobotanischen Erkenntnissen über das Mittelalter (Untersuchungen von erhaltenen Pollen, Samen, Körnern und Früchten).

Getreidearten, die wir anbauen, sind u. a. Roggen (von dem wir auch das Stroh für Dächer nutzen), Dinkel, Gerste, Hafer, Emmer, Einkorn und Hirse. An Hülsenfrüchten haben wir u. a. Linsen und Ackerbohnen, an Ölfrüchten Lein, Leindotter und Mohn. Daneben gibt es Flaschenkürbisse, Mangold, Pastinaken, Möhren u. v. m.

Wir suchen Sorten, die in ihrer Erscheinungsform den damaligen Sorten ähnlich sind, und wählen dabei wiederum möglichst alte Sorten.

Quelle: Stuttgarter Psalter, Cod. bibl. fol. 23, 124v

So haben wir z. B. weiße, gelbliche und rötliche Möhrensorten im Anbau, da orangefarbene Möhren erst um 1700 gezüchtet wurden.

Auch beim Anbau wenden wir die Methoden an, die den Menschen des 9. Jahrhunderts zur Verfügung standen. Der Boden wird mit der Hacke und mit Holzrechen bearbeitet, gesät wird mit der Hand, geerntet mit der Sichel, Gras wird mit der Sense gemäht.

Die mittelalterliche Bewirtschaftung fördert den Artenreichtum, sodass unsere Wiesen und Weiden im Frühsommer wunderschön blühen. Um ein möglichst authentisches Bild zu schaffen, haben wir bei der Einsaat des Getreides auch immer wieder Ackerunkräuter mit ausgesät: Hier blühen zwischen dem Getreide Klatschmohn und Kornblume neben zahlreichen anderen Unkräutern, die auf der Liste der bedrohten Ackerunkräuter stehen.

Das Pflügen wird aktuell von einem externen Gespann mit Pferden oder Ochsen übernommen, da wir entsprechende eigene Zugochsen noch nicht zur Verfügung haben.

Pastinaken und Rote Bete vom Gemüseacker

FELDHÜTTE

Im Jahr 2016 konnte der kleine Pfostenbau am Rand des Ackers fertiggestellt werden. Die Wände wurden 2019 neu verputzt. Für das Dach wurde vorwiegend Dinkelstroh von unseren Feldern verarbeitet, aber auch ein Teil Reet (Schilf), der uns zur Verfügung stand. In dieser Feldhütte können Arbeitsgeräte und Teile der Ernte kurzfristig gelagert werden. Bei schlechtem Wetter oder bei starker Hitze im Sommer bietet die Hütte einen Rückzugsort, an dem kleinere Arbeiten ausgeführt werden können.

Bei der Roggenernte wird mit der Sichel gearbeitet und das Getreide zu Garben gebündelt

Kornblumen und Klatschmohn auf dem Roggenfeld

Auf dem Campus Galli lässt sich eine erstaunlich hohe Vielfalt an Schmetterlingen beobachten, hier ein Kaisermantel am Heilkräutergarten

AUSBLICK: KOMMENDE BAUPROJEKTE

In den kommenden Jahren stehen zahlreiche weitere Bauprojekte an, die wir Stück für Stück angehen – je nachdem, wie schnell die Planung abgeschlossen werden kann, die behördlichen Genehmigungen vorliegen und Arbeitskraft vorhanden ist.

Vom Schafstall war bereits beim entsprechenden Kapitel über die Tiere die Rede. Hier stehen wir bei der Planung noch relativ am Anfang. Das Gebäude wird wahrscheinlich ähnlich wie die Scheune aus Holz und Lehm/Flechtwerk gebaut.

Das Noviziat, also das Gebäude für die Novizen (jungen Mönche), ist deutlich aufwendiger und größer und in der Planung schon weit fortgeschritten. Der Bauplatz befindet sich in Verlängerung der späteren Abteikirche, schräg gegenüber des Abtshofes. Das Noviziat ist im Klosterplan der südliche Teil eines größeren, symmetrisch aufgebauten Baukomplexes, dessen nördliche Hälfte für die Novizen und die andere für die Kranken und Gebrechlichen (=Infirmerie) gedacht ist. Auf der Mittelachse zwischen diesen beiden Teilen befinden sich zwei kleine, baulich miteinander verbundene Kirchensäle, die jeweils dem Noviziat bzw. der Infirmerie zugeordnet sind. Westlich davon, mit etwas Abstand zu den Westflügeln von Noviziat und Infirmerie, entstehen zwei kleine Doppelhäuser, in denen jeweils eine Küche und eine Badstube untergebracht werden – vermutlich wurden sie wegen der Feuergefahr von den Hauptgebäuden getrennt. Die Novizen und die Kranken (und Gebrechlichen) haben im Klosterplan also so etwas wie ihr eigenes kleines Kloster im Kloster.

Das Noviziat wird aus Holz und Stein gebaut. Eine Besonderheit wird die »Heizungsanlage« unter dem Wärmeraum im Ostflügel. Dazu wird in einem Ofen an der Außenwand warme Luft erzeugt und durch Kanäle unter dem Fußboden hindurchgeführt, bis sie dann durch einen frei stehenden Schornstein östlich des Gebäudetraktes abgeführt wird. Solche Anlagen sind uns auch vom karolingerzeitlichen Kloster Mittelzell auf der Insel Reichenau bekannt, gehen technisch aber auf römische Vorläufer zurück.

Als Drittes soll noch kurz die Töpferwerkstatt genannt werden, die um den Aspekt der Ziegelherstellung erweitert werden soll und dafür deutlich mehr Platz benötigt. Anders als lange Zeit von der archäologischen Forschung gedacht, gibt es inzwischen klare Hinweise darauf, dass Dachziegel nach römischem Vorbild bereits im frühkarolingischen Klosterbau von St. Gallen Verwendung fanden. Wir möchten mit der Herstellung von Ziegeln Erfahrung sammeln und hoffen, damit einmal die Dächer einiger Klostergebäude decken zu können.

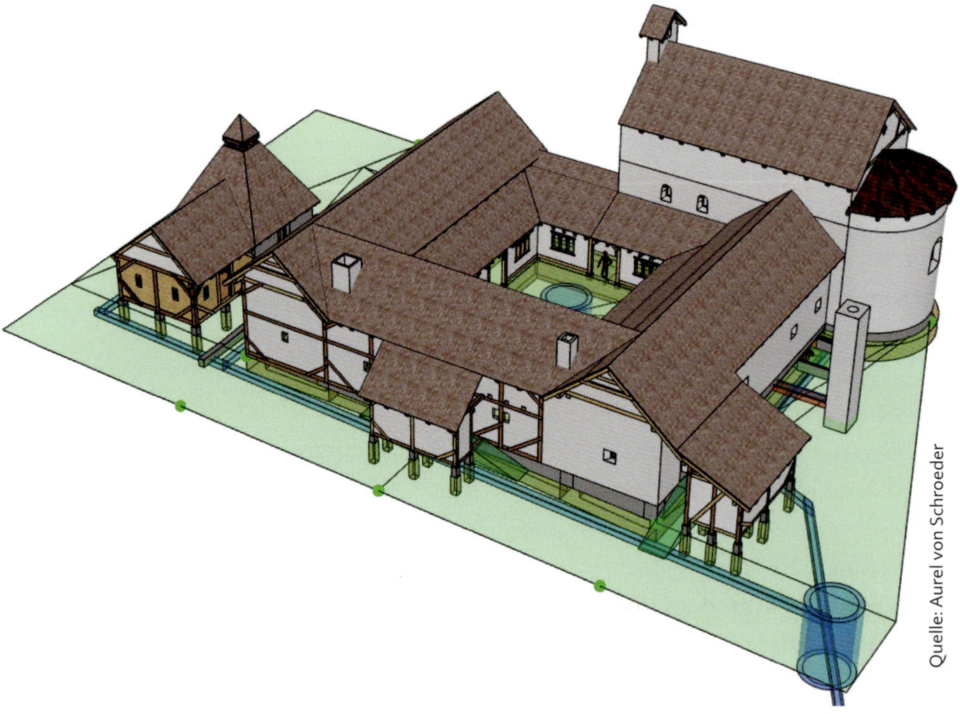

Quelle: Aurel von Schroeder

Noviziat Planungsstand November 2023

LITERATUREMPFEHLUNGEN

Erhart, P. (Hrsg.):
Lebenswelten des frühen Mittelalters in 36 Kapiteln.
Lindenberg: Kunstverlag Josef Fink 2019.

Faust, U. (Hrsg.):
Die Benediktsregel (Lateinisch/Deutsch).
Stuttgart: Reclam 2009.

Freundeskreis karolingische Klosterstadt Messkirch – Campus Galli (Hrsg.):
Karolingische Klosterstadt Meßkirch – Chronik. Dokumentation einer Zeitreise auf dem Campus Galli.
Meßkirch: Gmeiner Verlag, erscheint jährlich.

Jacobsen, W.:
Der Klosterplan von St. Gallen und die karolingische Architektur. Entwicklung und Wandel von Form und Bedeutung im fränkischen Kirchenbau zwischen 751 und 840.
Berlin: Deutscher Verlag für Kunstwissenschaft 1992.

Papajanni, K. & Ley, J. (Hrsg.):
Karolingerzeitliche Mauertechnik in Deutschland und in der Schweiz.
Regensburg: Schnell & Steiner 2016.

Patzold, S.:
Wie regierte Karl der Große?
Köln: Greven 2020.

Riche, P.:
Die Welt der Karolinger.
Stuttgart: Reclam 2016.

Schedl, B.:
Der Plan von St. Gallen.
Wien: Böhlau 2014.

Schnoor, F. & Tremp, E. (Hrsg.):
Walahfrid Strabo – Vita sancti Galli/Das Leben des heiligen *Gallus.*
Stuttgart: Reclam 2012.

Schönberger, O. (Hrsg.):
Walahfrid Strabo – De cultura hortorum/Über den Gartenbau.
Stuttgart: Reclam 2015.

Stiegemann, C. & Wemhoff, M. (Hrsg.):
799 Kunst und Kultur der Karolingerzeit. Karl der Große und Papst Leo III. in Paderborn. Beiträge zum Katalog der Ausstellung.
Bd. 1–3, Paderborn: Zabern 1999.

Tremp, E.:
Der St. Galler Klosterplan – Faksimile, Begleittext, Beischriften und Übersetzung.
St. Gallen 2014.

Untermann, M.:
Architektur im frühen Mittelalter.
Darmstadt: WBG 2006.